白熊

來自北方，
怕冷又怕生的熊。
在角落喝杯熱茶的時刻，
最讓他安心。

企鵝(真正的)

白熊在北方時
認識的朋友。
從遙遠南方前來
正在環遊世界。

大家一起做便當。

難度

簡單

真希望角落裡真的有角落小鎮。

難度

普通

雜草

「希望有一天被心儀的花店
做成花束!」
擁有這個夢想的
積極小草。

鼴鼠

獨自一人住在
地底的角落裡。
因為上頭太喧鬧
心生好奇而到地面來。

歡迎光臨角落咖啡廳。

難度

普通

是

慢慢的

幽靈

不想嚇到人的幽靈。
愛上老闆的咖啡
而開始在咖啡廳打工。
平常住在閣樓裡。

咖啡豆老闆

咖啡廳的老闆。
據說會做
全世界
最好喝的咖啡。

角落小夥伴的千姿百態。

難度

 難

炸豬排

炸豬排的邊邊。
瘦肉1%, 脂肪99%
因為太油, 被吃剩下來…

炸蝦尾

被吃剩…
和炸豬排
是知心好友。

和蜥蜴的母親一起玩。

難度

簡單

蜥蜴

其實是
倖存的恐龍。
擔心被捕抓，
假扮成蜥蜴。

蜥蜴的母親

住在大海角落的
恐龍水怪。

加油！加油！角落小夥伴社團！

難度

很難

14

美術社　足球社　管樂社

啦啦隊　籃球社　網球社

管樂社　排球社

企鵝？

對自己是不是企鵝？
沒有自信。
從前頭上好像有一個盤子…

粉圓

奶茶先被喝光
而被吃剩下來…

趴式堆疊

拱形堆疊

飽腹

饅頭式堆疊

背對式
堆疊

粉圓堆疊

角落小夥伴圖鑑

山形堆疊

枕頭形堆疊

直式堆疊

各式堆疊法都在角落小夥伴圖鑑。

難度

普通

趴式堆疊

拱形堆疊

飽腹

饅頭式堆疊

背對式堆疊

粉圓堆疊

山形堆疊

角落小夥伴圖鑑

枕頭形堆疊

直式堆疊

山

憧憬富士山的
一座小山。

黑色粉圓

比其他粉圓
個性更彆扭。

駄菓子屋裡的點心時光。

難度

難

角落小夥伴

角落駄菓子屋

角落氣球

角落超級絲

SUMIKKO

銘謝惠顧

角落冰淇淋

銘謝惠顧冰棒棍

冰棒的木棍。
崇拜
「再來一隻」冰棒棍

躲在暖桌下，暖烘烘貓日和。

難度

　　　　普通

貓

害羞的貓。
常常在角落背對大家磨爪子。

麻雀

普通的麻雀。
喜歡偷啄炸豬排。

歡迎光臨角落咖啡廳。

充滿回憶的白熊之旅。

角落小夥伴的千姿百態。

大家一起做便當。

和蜥蜴的母親一起玩。

真希望角落裡真的有角落小鎮。

遊戲解答